BEI GRIN MACHT SICH IHR WISSEN BEZAHLT

AF145764

- Wir veröffentlichen Ihre Hausarbeit,
  Bachelor- und Masterarbeit

- Ihr eigenes eBook und Buch -
  weltweit in allen wichtigen Shops

- Verdienen Sie an jedem Verkauf

Jetzt bei www.GRIN.com hochladen und kostenlos publizieren

Bibliografische Information der Deutschen Nationalbibliothek:

Die Deutsche Bibliothek verzeichnet diese Publikation in der Deutschen National-
bibliografie; detaillierte bibliografische Daten sind im Internet über http://dnb.d-
nb.de/ abrufbar.

Impressum:

Copyright © 2014 GRIN Verlag, Open Publishing GmbH
Druck und Bindung: Books on Demand GmbH, Norderstedt Germany
ISBN: 9783668260382

Dieses Buch bei GRIN:

http://www.grin.com/de/e-book/336381/das-median-line-standortproblem-im-
dreidimensionalen-euklidischen-raum

Sarah Lehnhardt

Das 'median line'-Standortproblem im dreidimensiona-
len euklidischen Raum

GRIN Verlag

GRIN - Your knowledge has value

Der GRIN Verlag publiziert seit 1998 wissenschaftliche Arbeiten von Studenten, Hochschullehrern und anderen Akademikern als eBook und gedrucktes Buch. Die Verlagswebsite www.grin.com ist die ideale Plattform zur Veröffentlichung von Hausarbeiten, Abschlussarbeiten, wissenschaftlichen Aufsätzen, Dissertationen und Fachbüchern.

Besuchen Sie uns im Internet:

http://www.grin.com/

http://www.facebook.com/grincom

http://www.twitter.com/grin_com

Seminararbeit

Das 'median line'-Standortproblem im dreidimensionalen euklidischen Raum

Juli 2014

Inhaltsverzeichnis

1 Einleitung

Diese Arbeit beschäftigt sich im Rahmen eines Seminarvortrags mit dem *median line Problem*, einem Teilgebiet der Standortoptimierung. Speziell wird dieses Optimierungsproblem hier im dreidimensionalen reellen Vektorraum versehen mit der Euklidischen Norm behandelt. Zu gegebenen Punkten des $\mathbb{R}^3$ wird eine Gerade gesucht, so dass die Summe der Abstände der gegebenen Punkte zu dieser Gerade minimal wird.

Zur Lösung dieses Problem wird eine geometrische Variante des *Branch and Bound* Algorithmus vorgestellt (vgl. Kapitel 3). Im Vorfeld wird das median line Problem in Kapitel 2 eingehend betrachtet. Dabei spielt besonders eine Parametrisierung des gegebenen Problems eine große Rolle. Der vierte Abschnitt beschäftigt sich mit der Berechnung von unteren Schranken der optimalen Lösung des Problems. Abschließend werden kurz praktische Ergebnisse diskutiert.

2 Das 'median line' Problem

2.1 Die Gerade im $\mathbb{R}^3$

Ausgehend von der Punkt-Richtungs-Gleichung hat eine Gerade r im $\mathbb{R}^3$ die Form

$$r = r(x, d) = \{x + td : t \in \mathbb{R}\},$$

wobei $d \in \mathbb{R}^3 \backslash \{0\}$ die Richtung von r darstellt und $x \in \mathbb{R}^3$ ein Punkt auf der Gerade ist.

Für eine Gerade gibt es keine eindeutige Darstellung. Man sieht leicht, dass für beliebige $\lambda, \mu \in \mathbb{R}$, $\mu \neq 0$ gilt

$$r(x + \lambda d, d) = r(x, d) = r(x, \mu d). \tag{1}$$

Diese Variabilität in der mathematischen Darstellung einer Geraden wird im weiteren Verlauf für die Parametrisierung des median line Problems genutzt.

2.2 Problemformulierung

Es sei $n < \infty$. Zu gegebenen Punkten $a_1, a_2, ..., a_n \in \mathbb{R}^3$ ist eine Gerade $r = r(x, d) \subset \mathbb{R}^3$ gesucht, so dass

$$z(x, d) = \sum_{k=1}^{n} \delta_{a_k}(x, d) \tag{2}$$

minimal wird. Dabei bezeichnet $\delta_{a_k}(x, d)$ den Abstand des Punktes a_k ($k = 1, 2, ..., n$) zu der Gerade $r = r(x, d)$ gemessen anhand der euklidischen Norm

$$\delta_{a_k}(x, d) = \min_{t \in \mathbb{R}} \|x + td - a_k\|_2.$$

Das Optimierungsproblem lautet somit

$$\min_{\substack{x, d \in \mathbb{R}, \\ d \neq 0}} \sum_{k=1}^{n} \delta_{a_k}(x, d). \tag{P}$$

2.3 Eigenschaften

Lemma 1. *Es seien $a, x, d \in \mathbb{R}^3$ und $d \neq 0$. Für den Abstand des Punktes a zur Geraden $r = r(x, d)$ gilt*

$$\delta_a(x, d) = \left\| x + \left(\frac{d^\top (a - x)}{d^\top d} \right) \cdot d - a \right\|_2 = \sqrt{\|x - a\|_2^2 - \frac{\left(d^\top (a - x) \right)^2}{d^\top d}}. \tag{3}$$

Beweis. Definiere $g(t) = \|x + td - a\|_2^2$, also ist

$$g(t) = (x_1 + td_1 - a_1)^2 + (x_2 + td_2 - a_2)^2 + (x_3 + td_3 - a_3)^2.$$

Aus den Eigenschaften der quadratischen euklidischen Norm $\| \cdot \|_2^2$ folgt, dass g differenzierbar und strikt konvex ist. Im Folgenden wird die Minimalstelle von $g(t)$ berechnet

$$g'(t) = \sum_{i=1}^{3} 2 \cdot (x_i + td_i - a_i) \cdot d_i \stackrel{!}{=} 0$$

$$\Leftrightarrow \qquad \sum_{i=1}^{3} 2 \cdot t^* \cdot d_i^2 = \sum_{i=1}^{3} 2 \cdot (a_i - x_i) \cdot d_i$$

$$\Leftrightarrow \qquad t^* \cdot d^\top d = (a - x)^\top d$$

$$\Leftrightarrow \qquad t^* = \frac{(a - x)^\top d}{d^\top d} = \frac{d^\top (a - x)}{d^\top d}.$$

Also minimiert t^* die Funktion $g(t)$. Da die Wurzelfunktion monoton wachsend ist, folgt

$$\delta_a(x, d) = \min_{t \in \mathbb{R}} \sqrt{g(t)} = \sqrt{g(t^*)} = \left\| x + \left(\frac{d^\top (a - x)}{d^\top d} \right) \cdot d - a \right\|_2.$$

Weiterhin gilt

$$\left(x + \left(\frac{d^\top (a - x)}{d^\top d} \right) \cdot d - a \right)^\top \left(x + \left(\frac{d^\top (a - x)}{d^\top d} \right) \cdot d - a \right)$$

$$= \underbrace{(x - a)^\top (x - a)}_{= \|x - a\|_2^2} + t^* d^\top (x - a) + (x - a)^\top (t^* \cdot d) + (t^* \cdot d)^\top (t^* \cdot d)$$

$$= \|x - a\|_2^2 + 2t^* d^\top (x - a) + (t^*)^2 d^\top d$$

$$= \|x - a\|_2^2 + 2\frac{d^\top (a - x)}{d^\top d} \cdot d^\top (x - a) + \left(\frac{d^\top (a - x)}{d^\top d} \right)^2 d^\top d$$

$$= \|x - a\|_2^2 + 2\frac{(-1) \cdot d^\top (x - a)}{d^\top d} \cdot d^\top (x - a) + \frac{(d^\top (a - x))^2}{d^\top d}$$

$$= \|x - a\|_2^2 - \frac{(d^\top (a - x))^2}{d^\top d}.$$

Die Behauptung folgt durch Ziehen der Wurzel. $\qquad\qquad\square$

Mithilfe von Lemma 1 lässt sich das Optimierungsproblem (P) nun folgendermaßen formulieren

$$\min_{\substack{x,d\in\mathbb{R}, \\ d\neq 0}} \sum_{k=1}^{n} \delta_{a_k}(x,d) = \min_{\substack{x,d\in\mathbb{R}, \\ d\neq 0}} \sum_{k=1}^{n} \sqrt{\|x - a_k\|_2^2 - \frac{(d^\top(a_k - x))^2}{d^\top d}}. \tag{P'}$$

Folgerung. Sei $a \in \mathbb{R}^3$ beliebig und $r(x,d) \subset \mathbb{R}^3$ eine Gerade mit $d^\top x = 0$. Dann folgt direkt aus Lemma 1

$$\delta_a(x,d) = \left\| x + \left(\frac{d^\top a}{d^\top d}\right)\cdot d - a \right\|_2 = \sqrt{\|x - a\|_2^2 - \frac{(d^\top a)^2}{d^\top d}}. \tag{4}$$

Aus Abschnitt 2.1 weiß man, dass die Darstellung einer Geraden nicht eindeutig ist. Um die Abstandsfunktion δ_a vereinfachen zu können, wählt man den Punkt $x \in r$ so, dass er orthogonal zum Richtungsvektor d ist. Dass man immer einen Punkt aus dem Schnitt der Gerade r mit der Hyperebene

$$H_d := \{y \in \mathbb{R}^3 : y^\top d = 0\}$$

findet, zeigt das folgende Lemma.

Lemma 2. *Es sei $d \in \mathbb{R}^3\backslash\{0\}$ gegeben, sowie $x \in \mathbb{R}^3$. Die Abbildung $p_d : \mathbb{R}^3 \to H_d$ definiert durch*

$$p_d(x) = x - \frac{d^\top x}{d^\top d}\cdot d$$

erzeugt ein Element $y = p_d(x) \in r(x,d)$, welches orthogonal zu d ist. Dabei heißt $p_d(x)$ die Projektion *von x auf H_d.*

Beweis. Es ist trivial, dass $p_d(x) \in r(x,d)$ gilt. Bleibt die Orthogonalität zu überprüfen

$$\left(x - \frac{d^\top x}{d^\top d}\cdot d\right)^\top d = x^\top d - \frac{d^\top x}{d^\top d}\cdot d^\top d = x^\top d - d^\top x = 0.$$

$\square$

Lemma 3. *Es sei $d \in \mathbb{R}^3\backslash\{0\}$ fest. Dann gilt $\delta_a(x,d) = \|p_d(x) - p_d(a)\|_2$ für alle $x, a \in \mathbb{R}^3$.*

Beweis. Mit Lemma 1 folgt schnell

$$\|p_d(x) - p_d(a)\|_2 = \left\|\left(x - \frac{d^\top x}{d^\top d}\cdot d\right) - \left(a - \frac{d^\top a}{d^\top d}\cdot d\right)\right\|_2 = \left\|x + \frac{d^\top(a - x)}{d^\top d}\cdot d - a\right\|_2.$$

$\square$

Bemerkung. Mit Lemma 3 gilt für festes $d \in \mathbb{R}^3 \backslash \{0\}$

$$\min_{x \in \mathbb{R}^3} \sum_{k=1}^{n} \delta_{a_k}(x, d) = \min_{x \in \mathbb{R}^3} \sum_{k=1}^{n} \|p_d(x) - p_d(a_k)\|_2 = \min_{y \in H_d} \sum_{k=1}^{n} \|y - p_d(a_k)\|_2.$$

Da $y \in H_d$ ist, gilt weiterhin

$$0 = y^\top d = y_1 \cdot d_1 + y_2 \cdot d_2 + y_3 \cdot d_3. \tag{5}$$

Da $d = (d_1, d_2, d_3)^\top$ bekannt ist, genügt es $\bar{y} := (y_1, y_2)^\top \in \mathbb{R}^2$ zu bestimmen. Die dritte Komponente lässt sich dann über (5) ermitteln.

Das dreidimensionale median line Problem mit fester Richtung $d \in \mathbb{R}^3 \backslash \{0\}$ ist somit äquivalent zu einem zweidimensionalen Weber-Problem[1]. Die gegebenen Punkte im Weber-Problem sind hier die Projektionen der a_i, $(i = 1, 2, ..., n)$.

Korollar 4. *Das median line Problem (P') besitzt eine optimale Lösung* $(x^*, d^*) \in \mathbb{R}^6$. *Die Gerade* $r = r(x^*, d^*)$ *schneidet die konvexe Hülle der gegebenen Punkte* $a_1, a_2, ..., a_n$, *also*

$$\text{conv}\{a_1, a_2, ..., a_n\} \cap r(x^*, d^*) \neq \emptyset.$$

Beweis. Für festes $d \in \mathbb{R}^3 \backslash \{0\}$ ist das median line Problem äquivalent zu einem planaren Weber-Problem (vgl. vorangegangene Bemerkung). Über das Weber-Problem weiß man, dass es eine optimalen Lösung besitzt, welche in der konvexen Hülle der gegebenen Punkte liegt. Also gilt

$$x^* \in \text{conv}\{p_d(a_1), ..., p_d(a_n)\}, \tag{6}$$

für die optimale Lösung $r(x^*, d)$ des median line Problems mit fester Richtung d. Setze $A := \{a_1, a_2, ..., a_n\}$ und $b_k := p_d(a_k)$ für alle $k \in \{1, 2, ..., n\}$. Da $x^* \in \text{conv}\{b_1, ..., b_n\}$ liegt, existieren $\lambda_1, ..., \lambda_n \geq 0$ mit $\sum_{i=1}^{n} \lambda_i = 1$, so dass $x^* = \sum_{i=1}^{n} \lambda_i \cdot b_i$ gilt. Einsetzen der Definition der b_i $(i = 1, 2, ..., n)$ liefert

$$x^* = \sum_{i=1}^{n} \lambda_i \cdot p_d(a_i) = \underbrace{\sum_{i=1}^{n} \lambda_i \cdot a_i}_{:=a^* \in \text{ conv}(A)} - \sum_{i=1}^{n} \lambda_i \cdot \frac{d^\top a_i}{d^\top d} \cdot d$$

---

[1]Bei dem planaren Weber-Problem handelt es sich um ein StandortProblem. Es wird ein Punkt $x \in \mathbb{R}^2$ gesucht, sodass die Summe der Abstände von x zu gegebenen Punkten $b_1, b_2, ..., b_n$ $(n < \infty)$ minimal wird.

Wähle $t^* = \sum\limits_{i=1}^{n} \lambda_i \cdot \frac{d^\top a_i}{d^\top d} \in \mathbb{R}$. Wegen der Definition der Geraden gilt $x^* + t^* \cdot d \in r(x^*, d)$. Außerdem gilt

$$x^* + t^* \cdot d = a^* - \sum_{i=1}^{n} \lambda_i \cdot \frac{d^\top a_i}{d^\top d} \cdot d + \sum_{i=1}^{n} \lambda_i \cdot \frac{d^\top a_i}{d^\top d} \cdot d = a^* \in \text{conv}(A).$$

Somit ist $a^* \in (r(x^*, d) \cap \text{conv}(A)) \neq \emptyset$.

Für feste Richtung d existiert also eine optimale Lösung $r = r(x^*, d)$, welche die konvexe Hülle von A schneidet. Da d beliebig gewählt wurde, kann man schlussfolgern, dass die Aussage für jedes $d \in \mathbb{R}\backslash\{0\}$ gilt. Es folgt die Behauptung des Korollars. $\qquad\square$

2.4 Parametrisierung des Problems

In den letzten Theoremen war die Richtung $d \in \mathbb{R}^3\backslash\{0\}$ fest vorgegeben. Somit reduzierte sich das Problem auf die Suche des optimalen $x \in \mathbb{R}^3$. Dieses Problem konnte äquivalent zu einem vierdimensionalen Standortproblem umformuliert werden.

In diesem Abschnitt wird das sechsdimensionale Problem (P') durch eine Parametrisierung so umformuliert, dass es äquivalent zu einem vierdimensionalen Optimierungsproblem ist.

Für die folgenden Betrachtungen wird eine dreidimensionale Gerade $r = r(x, d)$ nur noch durch $x, d \in \mathbb{R}^3$ mit $\|d\|_\infty = 1$ und $x^\top d = 0$ charakterisiert. Dass man zu gegebenem $d \in \mathbb{R}^3$ immer ein $x \in \mathbb{R}^3$ findet, welches orthogonal zu d ist, wurde in Lemma 2 bewiesen. Die Bedingung $\|d\|_\infty = 1$ kann man ebenfalls immer realisieren, indem man d durch seine Maximumsnorm $\|d\|_\infty$ dividiert. Mit Gleichung (1) aus Abschnitt 2.1 folgt sofort, dass durch diesen Schritt noch immer die selbe Gerade repräsentiert wird.

Da $r(x, d) = r(x, -d)$ ist, kann man zudem annehmen, dass

$$\|d\|_\infty = \max_{i=1,2,3} |d_i| = \max_{i=1,2,3} d_i = 1 \tag{7}$$

gilt.

Mit den eben getroffenen Voraussetzungen lassen sich für $d = (d_1, d_2, d_3)^\top \in \mathbb{R}^3$ drei Fälle unterscheiden. Sei zuerst $d_3 = 1$. Da $x^\top d = 0$ gilt, folgt für die dritte Komponente von $x = (x_1, x_2, x_3)^\top \in \mathbb{R}^3$

$$x_3 = -(x_1 d_1 + x_2 d_2). \tag{8}$$

Unter Verwendung von (4) ergibt sich nun für $a_k = (\alpha_k, \beta_k, \gamma_k)$, $k \in \{1, 2, ..., n\}$ die

7

Zielfunktion des Problems (P') als

$$f_3(x_1, x_2, d_1, d_2) = \frac{1}{\sqrt{d_1^2 + d_2^2 + 1}} \cdot \sum_{k=1}^{n} \sqrt{g_3^k(x_1, x_2, d_1, d_2)},$$

wobei

$$g_3^k(x_1, x_2, d_1, d_2) = \underbrace{\left((x_1 - \alpha_k)^2 + (x_2 - \beta_k)^2 + (x_1 d_1 + x_2 d_2 + \gamma_k)^2\right)}_{=\|x - a_k\|_2^2} \cdot (d_1^2 + d_2^2 + 1)$$
$$- \underbrace{(d_1\alpha_k + d_2\beta_k + \gamma_k)^2}_{=d^\top a_k}$$

ist.

Für $d_1 = 1$ bzw. $d_2 = 1$ ergeben sich die Zielfunktionen f_1 bzw. f_2 völlig analog. In diesen beiden Fällen werden die verbleibenden vier Variablen umbenannt zu x_1, x_2, d_1, d_2. Zur Identifizierung der einzelnen Fälle genügt der Index $i = 1, 2, 3$ an der Funktion $f_i(x_1, x_2, d_1, d_2)$. Für $i \in \{1, 2\}$ erhält man also

$$f_1(x_1, x_2, d_1, d_2) = \frac{1}{\sqrt{d_1^2 + d_2^2 + 1}} \cdot \sum_{k=1}^{n} \sqrt{g_1^k(x_1, x_2, d_1, d_2)},$$
$$f_2(x_1, x_2, d_1, d_2) = \frac{1}{\sqrt{d_1^2 + d_2^2 + 1}} \cdot \sum_{k=1}^{n} \sqrt{g_2^k(x_1, x_2, d_1, d_2)}$$

mit

$$g_1^k(x_1, x_2, d_1, d_2) = \left((x_1 d_1 + x_2 d_2 + \alpha_k)^2 + (x_1 - \beta_k)^2 + (x_2 - \gamma_k)^2\right) \cdot (d_1^2 + d_2^2 + 1)$$
$$- (d_1\alpha_k + d_2\beta_k + \gamma_k)^2$$
$$g_2^k(x_1, x_2, d_1, d_2) = \left((x_1 - \alpha_k)^2 + (x_1 d_1 + x_2 d_2 + \beta_k)^2 + (x_2 - \gamma_k)^2\right) \cdot (d_1^2 + d_2^2 + 1)$$
$$- (d_1\alpha_k + d_2\beta_k + \gamma_k)^2.$$

Da man allgemein nicht sagen kann, welche Komponente des gesuchten Richtungsvektors $d \in \mathbb{R}^3 \backslash \{0\}$ den Wert 1 annimmt, drückt man das Problem (P') foldendermaßen aus

$$\left. \begin{aligned} \min_{x_1, x_2, d_1, d_2 \in \mathbb{R}} &\, f(x_1, x_2, d_1, d_2), \\ f(x_1, x_2, d_1, d_2) = \min_{i=1,2,3} &\{f_1(x_1, x_2, d_1, d_2), f_2(x_1, x_2, d_1, d_2), f_3(x_1, x_2, d_1, d_2)\}. \end{aligned} \right\} \quad (P'')$$

Es gilt $(P) \Leftrightarrow (P') \Leftrightarrow (P'')$.

Auf dieses vierdimensionale Optimierungsproblem wendet man nun das Lösungsverfahren an, welches im folgenden Kapitel vorgestellt wird.

3 Der geometrische Branch-and-Bound Algorithmus

Um das median line Standortproblem der Form (P") zu lösen wird ein geometrisches Verfahren verwendet. Der Branch-and-Bound Algorithmus wird im folgenden allgemein gültig erklärt.

Gegeben ist eine reellwertige Zielfunktion $f : X \to \mathbb{R}$, wobei X das Kartesische Produkt von Intervallen ist

$$X = [a_1, b_1] \times [a_2, b_2] \times ... \times [a_n, b_n] \subset \mathbb{R}^n, \ (n < \infty).$$

Weiter sei Y eine Teilbox der Box X, $c(Y)$ der Mittelpunkt von Y und $LB(Y)$ eine untere Schranke für f auf Y, d. h. es gilt $LB(Y) \leq f(z)$ für alle $z \in Y$.

Unter den eben genannten Voraussetzungen liefert der folgende Algorithmus ein globales Minimum von f mit einer absoluten Genauigkeit von $\varepsilon > 0$.

Algorithmus 5.

(1) Berechne eine untere Schranke $LB(X)$ und setze $UB = f(c(X))$.
Setze $\chi = \{X\}$.

(2) Wähle die Box aus χ, die die kleinste untere Schranke hat und zerlege sie in s kongruente Teilboxen $Y_1, ..., Y_s$.
Lösche die ausgewählte Box aus χ und füge $Y_1, ..., Y_s$ hinzu. Berechne $LB(Y_1), ..., LB(Y_s)$ und aktualisiere $UB = \min\{UB, f(c(Y_1)), ..., f(c(Y_s))\}$.
Lösche alle Boxen Y aus χ, für die $LB(Y) + \varepsilon \geq UB$ gilt.

(3) Ist $\chi = \emptyset$, so terminiert der Algorithmus und UB ist das globale Minimum mit einer absoluten Genauigkeit von ε.
Sind hingegen noch Boxen in χ enthalten, so gehe zurück zu Schritt (2).

Die Anzahl s an Teilboxen muss vor Anwendung des Algorithmus festgelegt werden.

Auf die Berechnung der unteren Schranken in den Schritten (1) und (2) wird in Kapitel 4 näher eingegangen. Vorab muss jedoch sichergestellt werden, dass die Box X mindestens eine optimale Lösung des Problems (P") enthält. Dazu wird der folgende Satz herangezogen.

Satz 6. *O.B.d.A. sei $A = \{a_1, a_2, ..., a_n\} \subset [-1, 1] \times [-1, 1] \times [-1, 1]$. Dann enthält die Box*

$$X = [-\sqrt{3}, \sqrt{3}] \times [-\sqrt{3}, \sqrt{3}] \times [-1, 1] \times [-1, 1]$$

mindestens eine Optimallösung des median line Problems (P").

Beweis. Sei $r(x, d)$ die optimale Lösung des median line Problems (P") mit $x = (x_1, x_2, x_3)^\top$, $d = (d_1, d_2, d_3)^\top$ und $x^\top d = 0$.

Wie in Abschnitt 2.4 gezeigt, kann man $\max_{i=1,2,3} |d_i| = \max_{i=1,2,3} d_i = 1$ unterstellen und es gilt $x_3 = -(x_1 d_1 + x_2 d_2)$. Somit ist $d_1, d_2 \in [-1, 1]$.

Angenommen $x_1 \notin [-\sqrt{3}, \sqrt{3}]$ oder $x_2 \notin [-\sqrt{3}, \sqrt{3}]$. Da $x^\top d = 0$ ist, folgt mit Lemma 1 für den euklidischen Abstand von $r(x, d)$ zu $0 \in \mathbb{R}^3$

$$\delta_0(x, d) = \|x\|_2 = \sqrt{\underbrace{x_1^2 + x_2^2}_{>3} + (x_1 d_1 + x_2 d_2)^2} > \sqrt{3}.$$

Für alle $a \in [-1, 1]^3$ gilt aber $\|a\|_2 \leq \sqrt{3}$, also auch für alle $a \in \mathrm{conv}(A) \subset [-1, 1]^3$. Da $\delta_0(x, d) > \sqrt{3}$ ist, folgt, dass $r(x, d)$ die konvexe Hülle der gegebenen Punkte $a_1, ..., a_n$ nicht schneidet, was einen Widerspruch zu Korollar 4 darstellt. Somit ist die Annahme falsch und die Behauptung bewiesen. $\square$

Bemerkung. Die Bedingung $A \subset [-1, 1]^3$ lässt sich realisieren, indem man alle $a_k \in A$, $k = 1, 2, ..., n$ durch das Maximum aller Maximumsnormen der a_k dividiert, also durch

$$m := \max_{1 \leq k \leq n} \|a_k\|_\infty = \max_{1 \leq k \leq n} \{\max_{i=1,2,3} |a_{k_i}|\}.$$

4 Berechnung unterer Schranken

Dieser Abschnitt liefert verschiedene Möglichkeiten untere Schranken für das median line Problem zu berechnen. Im Vorfeld werden die Methoden allgemein erläutert und dann auf das vorliegende Optimierungsproblem angewendet.

4.1 Die natürliche Intervallerweiterung

Die natürliche Intervallerweiterung ist ein Teilgebiet der Intervallarithmetik. Die Schranken sind einfach zu berechnen, im allgemeinen jedoch nicht scharf.

Der Wertebereich beliebiger reellwertiger Funktionen $g : \mathbb{R}^m \to \mathbb{R}$ lässt sich für gewöhnlich nicht einfach beschreiben. Für die Intervallerweiterung $[g] : [\mathbb{R}]^m \to [\mathbb{R}]$ von g gilt

$$[g]([x]) \supseteq \{g(y) : y \in [x]\}.$$

Allerdings würde auch das Intervall $[-\infty, \infty]$ diese Eigenschaft erfüllen. Da möglichst scharfe Erweiterungen gesucht sind, greift man auf die natürliche Intervallerweiterung zurück. Diese erhält man, indem man in der Funktionsvorschrift $g(x_1, x_2, ..., x_m)$ die Grundrechenarten und elementaren Funktionen durch ihre intervallwertigen Äquivalente ersetzt, welche durch die Intervallarithmetik definiert sind. Beispielsweise ist die Addition zweier Intervalle $[a_1, b_1], [a_2, b_2] \subset \mathbb{R}$ erklärt als

$$[a_1, b_1] + [a_2, b_2] = [a_1 + a_2, b_1 + b_2].$$

Beispiel. Sei $f : \mathbb{R} \to \mathbb{R}$ definiert durch $f(x) = x^2 + x$. Man berechne die natürliche Intervallerweiterung von f über dem Intervall $[-1, 1]$

$$[f]([-1, 1]) = [-1, 1]^2 + [-1, 1] = [0, 1] + [-1, 1] = [-1, 2] \supset [-1/4, 2] = \{f(x) : x \in [-1, 1]\}.$$

Es sei nun vorausgesetzt, dass die natürliche Intervallerweiterung von $g : \mathbb{R}^m \to \mathbb{R}$ existiert. Für ein kartesisches Produkt $Y = X_1 \times X_2 \times ... \times X_m \subset \mathbb{R}^m$ sei

$$LB(Y) := G(Y)^L = G(X_1, ..., X_m)^L$$

die untere Schranke von g über Y, wobei $G(Y)$ die natürliche Intervallerweiterung von g auf Y ist. Der Index L bezeichnet dabei die linke Grenze des Intervalls $G(Y)$. Offensichtlich gilt $g(x) \geq G(Y)^L$ für alle $x \in Y$.

4.2 Allgemeine Bounding-Verfahren

Um gute untere Schranken zu erhalten, wird im Branch-and-Bound Algorithmus häufig mit einer leicht zu berechnenden Funktion f gearbeitet, für welche $f(x) \leq g(x)$ gilt. Man berechnet das Minimum von f und erhält damit eine untere Schranke für g.

Es sei nun $g : \mathbb{R}^m \to \mathbb{R}$ differenzierbar und $L(Y) := (G_1(Y)^L, ..., G_m(Y)^L)$ die linke Grenze der natürlichen Intervallerweiterung der partiellen Ableitungen, d. h. $G_k(Y)$ ist die natürliche Intervallerweiterung von

$$g_k(x) := \frac{\partial g(x)}{\partial x_k}, \ (k = 1, 2, ..., m).$$

Also ist $\nabla g(x_0) \geq L(Y)$ für alle $x_0 \in Y$. Weiter sei $\ell = \ell(Y) = (X_1^L, ..., X_m^L)$ der Vektor der linken Grenzen von $X_k, (k = 1, ..., m)$, wobei $Y = X_1 \times ... \times X_m$.

Lemma 7. *Definieren die Funktion*

$$m(x) := g(\ell) + L(Y)^\top (x - \ell).$$

Dann gilt $m(x) \leq g(x)$ für alle $x \in Y$.

Beweis. Für $x = \ell$ gilt $m(x) = g(\ell) + L(Y)^\top \cdot 0 = g(x)$. Sei nun $x \in Y$, $x \neq \ell$ beliebig. Dann existiert laut dem Mittelwertsatz für reellwertige Funktionen ein $x_0 \in [\ell, x] = \overline{\ell x}$,

11

so dass

$$g(x) = g(\ell) + \nabla g(x_0)^\top (x - \ell) \geq g(\ell) + L(Y)^\top (x - \ell) = m(x)$$

gilt. □

Die untere Schranke $LB(Y)$ von g über Y erhält man nun durch

$$LB(Y) = \min_{v \in V(Y)} m(v),$$

wobei $V(Y)$ die Menge aller 2^m Eckpunkte von Y ist.

4.3 Untere Schranken des median line Problems

In diesem Kapitel werden die Erkenntnisse aus 4.1 und 4.2 auf das median line Problem angewendet. Gesucht sind untere Schranken für die Zielfunktion

$$f(x_1, x_2, d_1, d_2) = \min_{i=1,2,3} \{ f_1(x_1, x_2, d_1, d_2), f_2(x_1, x_2, d_1, d_2), f_3(x_1, x_2, d_1, d_2) \}$$

des Problems (P") bzgl. $Y = X_1 \times X_2 \times D_1 \times D_2 \subset \mathbb{R}^4$.

Eine erste untere Schranke ergibt sich als $LB_1(Y) = F(Y)^L$. Dabei bezeichnet $F(Y)$ die natürlichen Intervallerweiterung von $f(x_1, x_2, d_1, d_2)$ über Y.

Eine zweite untere Schranke wird wie folgt ermittelt.

Die in 2.4 eingeführten Funktionen g_i^k sind offensichtlich differenzierbar. Sei weiter $\ell = (\ell_1, \ell_2, \ell_3, \ell_4) \in \mathbb{R}^4$, wobei ℓ_j die linke Grenze des Intervalls X_j darstellt ($j = 1, 2$), sowie ℓ_3 und ℓ_4 die linken Grenzen von D_1 und D_2. Analog zu Abschnitt 4.2 seien die Funktionen $m_i^k : \mathbb{R}^4 \to \mathbb{R}$ für $i = 1, 2, 3$ und $k = 1, ..., n$ definiert durch

$$m_i^k(x_1, x_2, d_1, d_2) = g_i^k(\ell) + L_i^k(Y)^\top ((x_1, x_2, d_1, d_2) - \ell).$$

Dabei bezeichnet $L_i^k(Y)$ eine untere Schranke des Gradienten von g_i^k über Y, welche mittels natürlicher Intervallerweiterung ermittelt wird.

Definieren

$$M_i^k(Y) := \min_{v \in V(Y)} m_i^k(v).$$

Diese getroffenen Voraussetzungen werden nun in den nächsten Theoremen verwendet.

Lemma 8. *Für $i = 1, 2, 3$ und $k = 1, ..., n$ sind die Funktionen*

$$h_i^k(x_1, x_2, d_1, d_2) := \begin{cases} \sqrt{m_i^k(x_1, x_2, d_1, d_2)} & : M_i^k(Y) \geq 0 \\ 0 & : M_i^k(Y) < 0 \end{cases}$$

konkav in Y und genügen der Ungleichung

$$h_i^k(x_1, x_2, d_1, d_2) \leq \sqrt{g_i^k(x_1, x_2, d_1, d_2)}$$

für alle $(x_1, x_2, d_1, d_2) \in Y$.

Beweis. Die konstante Funktion 0 ist trivialerweise konkav. Ist $M_i^k(Y) \geq 0$, so ist, da m_i^k linear ist, $m_i^k(x_1, x_2, d_1, d_2) \geq 0$ für alle $(x_1, x_2, d_1, d_2) \in Y$.

Die Wurzelfunktion $u(t) = \sqrt{t}$ ist bekanntlich konkav und monoton wachsend für $t \geq 0$. Es folgt, dass $h_i^k(x_1, x_2, d_1, d_2) = u(m_i^k(x_1, x_2, d_1, d_2))$ ebenfalls konkav ist.

Mit Lemma 7 gilt $m_i^k(x_1, x_2, d_1, d_2) \leq g_i^k(x_1, x_2, d_1, d_2)$ für alle $(x_1, x_2, d_1, d_2) \in Y$. Da die Wurzelfunktion monoton wachsend ist, folgt

$$0 \leq h_i^k(x_1, x_2, d_1, d_2) \leq \sqrt{g_i^k(x_1, x_2, d_1, d_2)}.$$

$\square$

Mithilfe des folgenden Satzes kann man nun die zweite untere Schranke $LB_2(Y)$ ermitteln.

Satz 9. *Definiere für $i = 1, 2, 3$ die Funktionen*

$$h_i(x_1, x_2, d_1, d_2) := \frac{1}{\sqrt{d_1^2 + d_2^2 + 1}} \cdot \sum_{k=1}^{n} h_i^k(x_1, x_2, d_1, d_2)$$

und

$$h(x_1, x_2, d_1, d_2) := \min\{h_1(x_1, x_2, d_1, d_2), h_2(x_1, x_2, d_1, d_2), h_3(x_1, x_2, d_1, d_2)\}.$$

Dann ist $LB_2(Y) := \min_{v \in V(Y)} h(v)$ eine untere Schranke von $f(x_1, x_2, d_1, d_2)$, wobei $V(Y)$ die Menge der 16 Eckten von Y ist.

Dem Beweis dieses Satzes seien einige Hilfsaussagen vorweggenommen.

Lemma 10. *Es sei $g : \mathbb{R}^n \to \mathbb{R}$ konkav und $h : \mathbb{R}^n \to \mathbb{R}$ konvex. Weiter gelte $g(x) \geq 0$ und $h(x) > 0$ für alle $x \in \mathbb{R}^n$. Dann ist*

$$f(x) = \frac{g(x)}{h(x)}$$

eine quasikonkave Funktion, d. h. für $x, y \in \mathbb{R}^n$ und $\lambda \in [0, 1]$ gilt

$$f(\lambda x + (1 - \lambda)y) \geq \min\{f(x), f(y)\}.$$

Beweis. Ohne Beschränkung der Allgemeinheit sei $f(y) = \min\{f(x), f(y)\}$. Dann ist $f(y) \leq f(x)$ und somit

$$\frac{g(y)}{h(y)} \leq \frac{g(x)}{h(x)} \qquad \Leftrightarrow \qquad g(x) \geq \frac{g(y)}{h(y)} \cdot h(x) \qquad (9)$$

Da g konkav und h konvex ist, gilt

$$g(\lambda x + (1-\lambda)y) \geq \lambda g(x) + (1-\lambda)g(y) \overset{(9)}{\geq} \lambda \frac{g(y)}{h(y)} \cdot h(x) + (1-\lambda)g(y)$$

$$= \frac{g(y)}{h(y)} \left(\lambda h(x) + (1-\lambda)h(y)\right)$$

$$\geq \frac{g(y)}{h(y)} \cdot h(\lambda x + (1-\lambda)y)$$

$$\Leftrightarrow \frac{g(\lambda x + (1-\lambda)y)}{h(\lambda x + (1-\lambda)y)} \geq \frac{g(y)}{h(y)} = \min\left\{\frac{g(y)}{h(y)}, \frac{g(x)}{h(x)}\right\}$$

$\square$

Lemma 11. *Es seien $f_i : \mathbb{R}^n \to \mathbb{R}$ quasikonkave Funktionen für $i = 1, 2, ..., n < \infty$ und*

$$f(x) = \min\{f_1(x), f_2(x), ..., f_n(x)\}.$$

Dann ist auch $f(x)$ eine quasikonkave Funktion.

Beweis. Es seien $x, y \in \mathbb{R}^n$ beliebig und $\lambda \in [0, 1]$. Weiter sei $f(\lambda x + (1-\lambda)y) = f_j(\lambda x + (1-\lambda)y)$ für ein festes $j \in \{1, 2, ..., n\}$. Ohne Beschränkung der Allgemeinheit sei $\min\{f_j(x), f_j(y)\} = f_j(y)$. Wegen der Quasikonkavität der f_i, $(i = 1, 2, ..., n)$ gilt dann

$$f(\lambda x + (1-\lambda)y) = f_j(\lambda x + (1-\lambda)y)$$

$$\geq \min\{f_j(x), f_j(y)\} = f_j(y)$$

$$\geq f(y) \geq \min\{f(y), f(x)\}.$$

Also ist f quasikonkav. $\square$

Lemma 12. *Es sei $Y = X_1 \times X_2 \times X_3 \times X_4 \subset \mathbb{R}^4$ eine Box mit*

$$X_1 = [a_1, b_1] \qquad\qquad X_2 = [a_2, b_2]$$
$$X_3 = [a_3, b_3] \qquad\qquad X_4 = [a_4, b_4]$$

und $z \in Y$ beliebig. Dann kann z als Konvexkombination von Punkten der Menge $V(Y)$

14

dargestellt werden, wobei

$$V(Y) = \{(x_1, x_2, x_3, x_4) \in \mathbb{R}^4 : x_j \in \{a_j, b_j\} \text{ für } j = 1, 2, 3, 4\}$$

die Menge der 16 Eckpunkte von Y ist.

Beweis. Sei $z = (z_1, z_2, z_3, z_4)^\top \in Y$ beliebig. Dann gibt es $\lambda_j \in [0, 1]$ für $j \in \{1, 2, 3, 4\}$, so dass $z_j = \lambda_j a_j + (1 - \lambda_j) b_j$ ist. Betrachten nun

$$\lambda_1 \begin{pmatrix} a_1 \\ a_2 \\ a_3 \\ a_4 \end{pmatrix} + (\lambda_2 - \lambda_1) \begin{pmatrix} b_1 \\ a_2 \\ a_3 \\ a_4 \end{pmatrix} + (\lambda_3 - \lambda_2) \begin{pmatrix} b_1 \\ b_2 \\ a_3 \\ a_4 \end{pmatrix} +$$

$$+ (\lambda_4 - \lambda_3) \begin{pmatrix} b_1 \\ b_2 \\ b_3 \\ a_4 \end{pmatrix} + (1 - \lambda_4) \begin{pmatrix} b_1 \\ b_2 \\ b_3 \\ b_4 \end{pmatrix} = \begin{pmatrix} \lambda_1 a_1 + (1 - \lambda_1) b_1 \\ \lambda_2 a_2 + (1 - \lambda_2) b_2 \\ \lambda_3 a_3 + (1 - \lambda_3) b_3 \\ \lambda_4 a_4 + (1 - \lambda_4) b_4 \end{pmatrix} = z.$$

Weiter gilt

$$\lambda_1 + (\lambda_2 - \lambda_1) + (\lambda_3 - \lambda_2) + (\lambda_4 - \lambda_3) + (1 - \lambda_4) = 1.$$

Also kann $z \in Y$ als Konvexkombination von Punkten aus $V(Y)$ dargestellt werden. Somit gilt die Behauptung. $\qquad\square$

Beweis von Satz 9. Setzen $q(x_1, x_2, d_1, d_2) := \sqrt{d_1^2 + d_2^2 + 1}$ und

$$s_i(x_1, x_2, d_1, d_2) = \sum_{k=1}^{n} h_i^k(x_1, x_2, d_1, d_2)$$

für $i = 1, 2, 3$. Dann ist q eine strikt positive, konvexe Funktion (da die euklidische Norm konvex ist). Als Summe konkaver Funktionen (vgl. Lemma 8) sind die Funktionen s_i, ($i = 1, 2, 3$) konkav. Zudem sind sie positiv. Mit Lemma 10 folgt nun, dass

$$h_i(x_1, x_2, d_1, d_2) = \frac{s_i(x_1, x_2, d_1, d_2)}{q(x_1, x_2, d_1, d_2)}$$

für $i = 1, 2, 3$ quasikonkave Funktionen sind. Mit Lemma 11 folgt nun, dass auch

$$h(x_1, x_2, d_1, d_2) = \min\{h_1(x_1, x_2, d_1, d_2), h_2(x_1, x_2, d_1, d_2), h_3(x_1, x_2, d_1, d_2)\}$$

quasikonkav ist.

Da ein beliebiges Element aus Y als Konvexkombination von Punkten aus $V(Y)$ dargestellt werden kann (vgl. Lemma 12) und $h(x_1, x_2, d_1, d_2)$ quasikonkav ist, gilt für alle $y \in Y$

$$h(y) \geq \min_{v \in V(Y)} h(v). \tag{10}$$

Also kann die Suche nach dem Minimum von $h(x)$ mit $x \in Y$ auf die Suche nach dem Minimum von $h(x)$ mit $x \in V(Y)$ reduziert werden und es gilt

$$\min_{x \in Y} h(x) = \min_{v \in V(Y)} h(v). \tag{11}$$

Mit Lemma 8 gilt weiter $h_i^k(x_1, x_2, d_1, d_2) \leq \sqrt{g_i^k(x_1, x_2, d_1, d_2)}$ und es folgt sofort

$$h(x_1, x_2, d_1, d_2) \leq f(x_1, x_2, d_1, d_2). \tag{12}$$

Also ist $LB_2 = \min_{v \in V(Y)} h(v)$ eine untere Schranke von f. $\qquad\square$

Der in Kapitel 3 beschriebene Algorithmus kann nun mit den unteren Schranke LB_1 und LB_2 oder dem Maximum beider verwendet werden. Die Schranke LB_2, welche mittels Bounding-Schritt berechnet wurde, erweist sich in der Praxis allerdings effizienter, was folgende Tabelle zeigt.

Table 2
Numerical results for the comparison of the lower bounds.

	Run time (sec.)			Iterations		
	Min	Max	Ave.	Min	Max	Ave.
LB_1	2.79	64.37	17.19	1,025,080	20,538,265	5,827,158
LB_2	0.17	0.55	0.39	45,145	110,137	84,100

Quellen

- Blanquero, R., Carrizosa, E., Schöbel, A., Scholz, D., 2011. A global optimization procedure for the location of a median line in the three-dimensional space, In: European Journal of Operational Research, Volume 215, Issue 1, 16 November 2011, Pages 14–20

- http://de.wikipedia.org/wiki/Intervallarithmetik

- http://de.wikipedia.org/wiki/Branch-and-Bound